ANNÉE 1884-1885

RAPPORT

SUR

L'AGRICULTURE

PAR LE PROFESSEUR

Marius FAUDRIN

Boulevard Notre-Dame, 52, Aix.

MARSEILLE

TYPOGRAPHIE ET LITHOGRAPHIE J. CAYER

Rue Saint-Ferréol, 57.

1885

Aix, le 1er août 1885.

A Monsieur le PRÉFET [1]

Et à Messieurs les CONSEILLERS GÉNÉRAUX
du département des Bouches-du-Rhône [2].

Messieurs,

Douze ans se sont écoulés depuis que vous avez bien voulu me confier la mission de propager l'enseignement agricole dans le département des Bouches-du-Rhône. Chaque année, j'ai eu l'honneur de vous rendre compte de cette mission et j'ai dû toujours constater avec satisfaction que mes conférences n'avaient cessé d'être favorablement accueillies, ce qui prouve leur opportunité et leur importance.

Pendant l'exercice 1884-1885, j'ai professé à La Ciotat, Saint-Pierre (Aubagne), Saint-Savournin, Saint-Marcel (Marseille), La Rose (Marseille), Allauch, Bouc-Albertas, Fuveau, Gignac, Saint-Chamas, Cornillon, Le Paradou, Saint-Etienne-du-Grès (Tarascon), Eyragues, Aureille,

---

(1) M. Cazelles, commandeur de la Légion d'Honneur.

(2) *Président* : M. J. Deiss, chevalier de la Légion-d'Honneur ; *Vice-Présidents* : MM Maglione et Chabanel.

Membres du Conseil : MM. B. Abram, F. Abram, Aillaud, Alphandéry, Baragnon, Baret, docteur Besson, chevalier de la Légion-d'Honneur; Boissier, Brémond, docteur Chabrier, docteur Chevillon, Daillan, Fabre, Guirand, Jourde , Lagnel , Leydet , député , Marion , Martin , chevalier de la Légion-d'Honneur, Pally et Velten, sénateur, officier de la Légion-d'Honneur.

Le Plan (Orgon), Vauvenargues, Venelles, Saint-Canadet (Le Puy-Sainte-Réparade), Rognes, Le Mas-Thibert (Arles) et à Coudoux (Ventabren).

Afin d'être agréable à mes auditeurs, j'ai consacré à la viticulture la plus grande partie de mes séances.

La Ciotat

On a amené, à La Ciotat, l'eau de la Durance, au moyen d'une dérivation du Canal de Marseille. Cette dérivation fait sentir sa salutaire influence non seulement sur les habitants de la cité, mais sur la cité elle-même, dont les places et les promenades sont embellies.

Ici, où la vigne succombe plutôt sous l'action de la sécheresse que sous les attaques du phylloxéra, il est à peu près certain qu'avec le secours de l'irrigation et la pratique éventuelle des meilleurs anti-phylloxériques, on établirait des vignobles durables.

Néanmoins, il ne faut pas perdre de vue les cépages américains, qui, à traitement égal, se comportent toujours mieux que les cépages indigènes, ainsi qu'on peut le voir par ceux qui sont plantés dans les propriétés de M. Thorel et de M. Marquis.

Les améliorations apportées dans la variété des cultures sont insignifiantes et dans leurs modes d'éducation et de protection. J'ai insisté, de nouveau, pour décider l'agriculteur à donner la préférence à celles des fruits ou des légumes précoces.

L'Administration Municipale mérite des éloges pour les soins actifs qu'elle donne aux plantations publiques.

Saint-Pierre

Ce hameau de la commune d'Aubagne a son territoire très bien cultivé, quoique presque tout entier en collines et il faut dire aussi que l'exposition locale (le sud-ouest), et la composition du sol (argilo-sablonneux-ferrugineux), sont très favorables à la prospérité des cultures et notamment des vergers et des vignobles.

En général, les plantations laissent peu à désirer ; elles sont créées sur des emplacements bien préparés et on les meuble avec de bons sujets, parmi lesquels dominent les espèces à fruits à noyaux, l'abricotier et le cerisier, en variétés hâtives.

Je mentionnerai également la culture de la tomate avec la variété à petits fruits lisses et ronds ou ovales, nommée T. *Poire.* Cette plante potagère est conduite d'une façon usuelle ; quand on en fait la récolte, on arrache la tige, avec ses fruits mûrs et on la suspend, de haut en bas, dans un endroit bien abrité et insolé, ordinairement devant l'habitation. Ainsi placées, les tomates se conservent en bon état pendant tout l'hiver. Ces fruits se vendent habituellement sur le marché de Marseille où on les paie jusqu'à 3 francs le kilogramme. Plusieurs agriculteurs font pour 700 à 800 francs de ce produit maraîcher.

Saint-Savournin

Lorsque je me suis rendu à Saint-Savournin, on y faisait la récolte des olives.

L'année dernière, l'olivier s'est montré très avare de

ses fruits ; et encore ils étaient véreux ; ici, au contraire, l'arbre était très fertile et ses olives étaient saines, ce qu'il faut attribuer peut-être à la situation climatologique du territoire, qui est un des plus froids et des plus ventés de la Provence.

Tout ce qui se fait de bon en culture se trouve dans le domaine de M. Dufaur et est inspiré par le fermier, M. Ricard, un agriculteur intelligent. La reconstitution du vignoble s'y fait, à la fois, par l'application du sulfure de carbone et avec les cépages américains ; parmi ceux-ci, le Jacquez se distingue par l'ampleur de ses feuilles et par la vigueur de ses pampres.

Puissent ces résultats aller toujours en s'accentuant et entraîner à leur suite les retardataires, qui comptent encore la grande majorité des cultivateurs !

M. Bouche, ingénieur divisionnaire de la Compagnie des charbonnages des Bouches du-Rhône, ayant exprimé le désir de faire profiter d'une Conférence sur l'Horticulture le personnel et les ouvriers de l'Exploitation Houillère de Castellane, j'ai déféré avec empressement à ce vœu, ce qui m'a permis de professer aussi devant des agriculteurs des villages environnants.

Dans mon entretien, j'ai exposé les avantages matériels et moraux que procure la culture horticole, et j'ai donné quelques conseils sur l'éducation arborée et arbustive. Nous avons terminé par une visite aux principaux jardinets, généralement soignés avec goût, surtout ceux de l'Administration, de MM. Brunel, Jean, employé du Chemin de fer, et Icard, Stanislas, basculeur aux Mines. La Compagnie se propose de récompenser l'initiative de ces derniers en leur votant des gratifications.

Saint-Marcel

Dans la banlieue de Marseille, j'ai visité Saint-Marcel et la Rose.

A Saint-Marcel, rien de particulier à signaler en culture ; ce quartier est plutôt industriel qu'agricole : la verrerie Du Queylar occupe à peu près toute la population ouvrière.

En sylviculture, on peut cependant citer les bois en pins d'Alep qui couvrent le versant des collines de Saint-Cyr et qui rappellent un peu les forêts en sapins du Jura.

La Rose

A la Rose, j'ai enseigné et pratiqué à l'école laïque des garçons, sous la direction dévouée de M. Chiousse, et dans un enclos voisin. J'ai traité de la Praticulture, de l'Olériculture, de l'Arboriculture et de la Viticulture, particulièrement au point de vue commercial, le seul acceptable pour le cultivateur-praticien.

La réussite d'une prairie dépend beaucoup des soins apportés à son installation et surtout de sa composition comme plantes fourragères. Le mélange de semences qui paraît convenir le mieux au sol et au climat marseillais, c'est la composition suivante :

Fromental des Alpes. . , ...	100 ^{K}
Fromental de Tourves.	50
Trèfle violet.	5
	155 ^{K}

à l'hectare.

J'ai expliqué ensuite pourquoi le vrai moment de couper le foin est celui de la floraison des plantes ; et enfin comment on conserve le fourrage par l'*ensilage*. Ce dernier procédé consiste à entasser le foin dans des silos que l'on ferme aussi hermétiquement que possible et l'on garde ainsi, tout l'hiver, un fourrage qui possède, dit-on, les qualités de l'herbe verte.

La culture potagère est faite d'une manière convenable.

Quant à la production fruitière et viticole, elle y est rémunératrice.

Allauch

Encore une localité qui a obtenu aussi une concession d'eau du canal de Marseille.

Si on sait bien utiliser cette eau, après avoir satisfait aux besoins des habitants, on pourra également la faire servir à désaltérer les cultures, soit en l'emmagasinant avec des barrages ou dans des réservoirs, pour s'en servir en été, soit en l'employant au fur et à mesure qu'on l'aura à sa disposition.

J'ai conseillé de nouveau au cultivateur de copier surtout les systèmes arboricoles et viticoles employés dans la propriété de M. Garcin, où les récoltes se font remarquer par leur régularité et par leur abondance.

Bouc-Albertas

Les habitants de Bouc trouvent qu'on leur fait bien attendre la branche du canal du Verdon, qui doit arroser une partie de leurs terres.

Heureusement que les pluies du printemps dernier ont été un peu plus abondantes que d'habitude ; l'agriculture locale était arrivée à sa dernière période de résistance, et, sans cette particularité, c'en était fait d'elle. Et comme il est à craindre que cette température favorable ne soit qu'accidentelle, il est toujours urgent que l'on exécute, le plus tôt possible, les travaux d'irrigation projetés.

M. le commandant Rolland est de plus en plus satisfait de la vigne en *chaintre*. Selon lui, cette méthode est l'idéal de l'éducation viticole, parce qu'elle conduit l'arbuste d'après ses lois naturelles : au printemps, on peut élever les bras du cep pour les protéger contre les gelées blanches, et ensuite on peut les rapprocher du sol, pour obtenir la parfaite maturité de leurs grappes.

Les autres cultures, assez bien conduites, sont d'un bon rendement, lorsque les vicissitudes atmosphériques ne les contrarient pas.

J'ai eu le plaisir de voir, à l'école communale des garçons, sous l'intelligente direction de M. Salicis, un des musées scolaires les plus complets et les mieux agencés que je connaisse dans le département des Bouches-du-Rhône.

Fuveau

A Fuveau, la neige n'a cessé de tomber pendant tout le temps que je suis resté dans cette localité, et j'ai dû me borner à y tenir des séances théoriques.

L'idée de la création d'un champ d'expériences, dans la commune, a été approuvée par l'Administration mu-

nicipale et par les nombreux auditeurs qui assistaient
à mon cours.

Gignac

Là où les travaux agricoles ne donnent plus de profit,
les cultivateurs intelligents se livrent à d'autres indus-
tries. A Gignac, celle qui a le mieux réussi, entre toutes,
c'est l'élevage et l'engraissement du cochon.

Dans cette localité, on compte environ 3,500 porcs,
qui donnent environ 10 francs de bénéfice net par tête.
Certains propriétaires élèvent jusqu'à 800 sujets.

Malheureusement, le cochon est prédisposé à diverses
maladies, dont quelques-unes très graves, comme le
rouget, par exemple, qui fait parfois de nombreuses
victimes. Suivant l'illustre M. Pasteur, ce fléau est dû
à un microbe qu'on peut combattre par une préventive
vaccination, à l'aide d'un virus bénin.

On vante beaucoup un spécifique appelé le *Trésor de
la Ferme*, *des Frères Trappistes*, et dont on s'est bien
trouvé à Miramas, Saint-Chamas, Istres, Orgon, etc.

Enfin, M. Cornevin, professeur à l'École Vétérinaire
de Lyon, recommande les mesures prophylactiques sui-
vantes : l'isolement des bêtes contaminées, la désinfection des loges à cochons, et surtout celle du fumier,
qui paraît le principal agent de la contagion, et pour la
désinfection une solution de sulfate de cuivre au
cinquième.

En agriculture, on donne de bons soins d'entretien
et surtout d'abondantes fumures qui, en général, font
prospérer les récoltes.

Comme modèle de vignoble, je mentionnerai celui de M. Sardou, qui est créé d'après les méthodes rationnelles et formé avec les cépages les plus réfractaires à la maladie phylloxérique.

Saint-Chamas

A Saint-Chamas, mon attention s'est portée principalement sur les progrès effrayants que la *morphée* ou le *noir* fait dans les vergers d'oliviers, lesquels finissent par succomber sous les étreintes de cette affection.

D'après mes recommandations, on a appliqué sur quelques arbres malades, l'essai d'un émondage un peu sévère et d'un fort saupoudrage à la chaux vive. Seulement ce remède, quelque bon qu'il puisse être, ne remettra pas de suite le sujet à son état normal, et, en attendant, le cultivateur sera privé de récolte. Les agriculteurs demanderaient d'être dégrevés de l'impôt foncier, et je me suis chargé d'être leur interprète.

J'ai pensé que, dans une cité maritime, ce n'était pas sortir des limites de mon enseignement, que de parler d'un moyen qui pourrait rendre quelque service aux pêcheurs. Il s'agit de la conservation des filets pour prendre le poisson. Au lieu de les tremper dans une solution de tan, qui ne protège le fil que pendant quelques jours contre les ravages des *Monades*, il serait, je crois, plus avantageux de se servir d'une solution de sulfate de cuivre dans la proportion d'un kilogr. de ce sel par 20 litres d'eau.

Dans la cour du superbe groupe scolaire communal,

j'ai remarqué la bonne tenue du jardin des filles, sous la direction de Mlle Fabrique.

Cornillon

Les agriculteurs de Cornillon seraient contents de leur sort, si l'atmosphère voulait être moins sobre d'eau à leur égard.

A cause de son altitude, la plus grande partie du territoire local sera à jamais privée d'un canal d'irrigation, mais on a su l'utiliser avec les cultures qui bravent le plus la sécheresse.

Dans le fond des vallons, où le sol est fertile et rafraîchi par des arrosages, on y recueille de beaux produits en céréales, fourrages, légumes et fruits. On y remarque également quelques vignobles soumis avec succès à la submersion, ou traités par le sulfure de carbone.

Le Paradou

En arrivant au Paradou, ma première visite agricole a été d'abord pour les cerisiers que l'Administration municipale a fait planter, il y a quelques années, le long d'un chemin vicinal. Aujourd'hui, cette avenue d'arbres fruitiers est non seulement magnifique, mais encore elle commence à fructifier. Encouragé par ces résultats, on a occupé ensuite, avec des amandiers, une voie de communication abandonnée.

Pour relever la situation des cultures locales, les agriculteurs comptent beaucoup sur le futur canal de la vallée des Baux ; mais le commencement des travaux se fait trop attendre, et le paysan croit qu'on néglige ses intérêts et qu'on ne le paie qu'en promesses. Il faut qu'on lui prouve le contraire en mettant le projet en exécution ou en lui fournissant les raisons qui s'y opposent.

Saint-Etienne-du-Grès

Dans ce hameau de la ville de Tarascon, des circonstences indépendantes de ma volonté ne m'ont pas permis d'y donner des conférences, ce que j'ai vivement regretté, parce qu'elles m'ont empêché de visiter plusieurs vastes exploitations viticoles, entre autres celles de M. Saint-René-Taillandier et de feu M. Dupeyrat, inspecteur général de l'agriculture.

Eyragues

Le canton de Châteaurenard est toujours intéressant à voir, à cause de la variété et de l'excellence de ses cultures.

Les agriculteurs d'Eyragues font maintenant tous leurs efforts pour rétablir la viticulture. A la tête des viticulteurs, il y a toujours M. Tardieu, ingénieur civil en retraite; cet habile propriétaire, après avoir essayé de tous les moyens anti-phylloxériques, les a abandonnés pour s'adonner exclusivement à la culture des cépages américains et plus particulièrement au Jacquez et au Riparia sauvage.

M. Clappier, maire d'Eyragues, conserve néanmoins d'anciennes vignes, par la submersion complétée au moyen d'abondantes fumures en fumier de ferme.

L'école communale laïque des garçons possède un emplacement parfait pour un jardin. J'ai engagé M. Pierron, l'habile directeur, à en tirer bon parti pour enseigner l'horticulture à ses élèves.

Aureille

Cette localité reste avec ses vergers d'amandiers et d'oliviers ; mais il faut rendre cette justice au cultivateur : il les conduit d'une manière méthodique.

Je ne puis que recommander encore la propagation des mêmes essences fruitières et celle de l'abricotier, surtout dans cette vaste partie de la Crau qui s'étend devant le village et qui est si favorable à la production des beaux et bons fruits.

On ferait bien de tenter aussi la culture des vignes américaines, le seul système pratique pour refaire le vignoble communal.

Le Plan

Dans cette dépendance du territoire d'Orgon, il y a de bons propriétaires-agriculteurs, qui font surtout le maraîcher.

Le sol, formé en grande partie par les alluvions de la Durance, est très propice aux légumes, que l'on traite d'une façon toute particulière.

Pour la pomme de terre, j'ai conseillé l'expérience du procédé imaginé par M. d'André, professeur départemental d'agriculture de l'Aveyron. Voici en quoi il consiste : « On fait une solution saline ou de nitrate de soude, soit dix kilogr. de sel marin dans 90 litres d'eau. Quand la solution est prête, on plonge dans le baquet ou le cuvier qui la renferme, des paniers d'osier remplis de pommes de terre. Tous les tubercules qui viennent flotter à la surface sont mis de côté, et tous ceux qui restent au fond sont les plus avantageux à planter.

Avant de confier les semences à la terre, il est utile de les laver avec de l'eau pure pour les débarrasser de la couche de sel ou de nitrate que l'eau en s'évaporant a abandonnée ». On obtient ainsi 2 0/0 de plus en fécule et un rendement en poids de près d'un quart plus considérable.

Vauvenargues

A Vauvenargues, je n'ai constaté aucun progrès nouveau en agriculture.

M. le marquis d'Isoard possède toujours sa collection de cépages du genre *Vitis Vinifera*, qu'il conserve grâce à l'emploi du sulfocarbonate de potassium. Parmi ces variétés de vignes, on en distingue une en treille aux dimensions peu ordinaires et qui a été importée de Rome par le cardinal d'Isoard. Au moment de la maturité de ses raisins, j'irai en étudier les produits sur place et je ferai part de mon appréciation.

Le même propriétaire fait essayer également les vignes américaines.

Un autre petit vignoble à citer aussi, c'est celui de M. Gautier, maire de la commune ; le sol est tellement favorable à la vigne que les boutures y fructifient l'année qui suit leur plantation.

Venelles

Il existe actuellement à Venelles un remarquable exemple de viticulture, qui ne peut faire que de nombreux partisans, c'est le vignoble du domaine de Saint-Hippolyte, appartenant à M. d'Hautuile ; on y voit des vignes traitée au sulfure de carbone, mais surtout des cépages américains.

J'approuve beaucoup la façon dont s'y prend M. Arnaud, l'intelligent contre-maître de cette propriété, pour établir un vignoble franco-américain : on crée une pépinière avec des boutures américaines et on les y laisse telles quelles pendant un an ; si le cépage est à produit direct, l'hiver suivant on le place à demeure, et si le cépage est un porte-greffe, on le laisse un an de plus en pépinière, après l'avoir greffé au printemps dernier.

Le vignoble de M. Chabaud, l'habile sculpteur, mérite aussi une mention spéciale : les ceps américains greffés montrent non seulement de beaux et vigoureux sarments ; mais ils ont déjà fructifié, quoique jeunes.

A Violaine, M. Du Veyrier possède, en terre calcaire, un carré de jolis Jacquez. J'ai fait voir sur certains pieds la taille spéciale à ce cépage, celle qui provoque le développement des pampres et l'abondance des grappes.

En ce qui concerne les irrigations, on pourrait tirer un meilleur parti des eaux du canal du Verdon, en les utilisant pour les prairies et pour la culture potagère.

On se demande pourquoi on n'arrose pas les céréales quand elles souffrent de la trop grande sécheresse ? On ne comprend pas non plus l'absence d'irrigation, en hiver, malgré l'aridité du terrain et tandis que l'on souhaite la pluie ? Dans les Cévennes, cette pratique a lieu pour les prairies et l'on y a reconnu le double avantage d'humecter le sol et de nourrir les plantes en les faisant profiter de l'azote que l'eau tient en dissolution.

Saint-Canadet

C'est pour la première fois que je donnais des leçons dans ce hameau de la commune du Puy-Sainte-Réparade ; toute la population y asssistait.

Après avoir indiqué les principales améliorations réclamées par l'agriculture locale, quelques auditeurs m'ont exposé les griefs qu'ils voudraient faire valoir auprès de qui de droit :

Non seulement les denrées qu'ils apportent sur le marché d'Aix leur sont achetées au prix le plus inférieur possible, mais chaque vente est soumise à une retenue du 1 %, ou acquittée en monnaie de billon. C'est une véritable exploitation et s'il n'existe pas de moyen légal contre cette sorte d'usure, il faut aviser au moyen de se passer des courtiers ou des intermédiaires, qui absorbent tous les bénéfices. Par l'organisation d'un syndicat entre agriculteurs, dont les délégués traiteraient directment avec les consommateurs, on assurerait ainsi la sécurité et la protection du travail agricole.

Avant de quitter Saint-Canadet, j'ai visité le domaine de Font-Colombe appartenant à M. le marquis de Saporta; le parc, qui est devant le château, contient quelques beaux arbres forestiers et d'ornement, au nombre des-

quels un cèdre du Liban. — On m'a montré les serres,
qui sont bien entretenues ; le vignoble qui est traité au
sulfure de carbone, et enfin, de bonnes cultures po-
tagères.

J'emportais une impression favorable de cette propriété lorsqu'en passant devant le bâtiment de la ferme,
j'ai trouvé une véritable mare à fumier. Cette négli-
gence dans la confection de l'engrais le fait non seulement perdre de son volume et de sa valeur, mais encore
le rend incommodant par ses émanations désagréables
et pernicieuses pour la santé du personnel de la ferme.

En gravissant le flanc nord de la Trévaresse, j'y ai vu
des plantations fruitières et je me suis arrêté un instant
à celle de M. Décanis, un intelligent amateur d'arboriculture ; ses poires d'hiver, belles et bonnes, ont l'avantage aussi de se conserver longtemps ; cet essai doit
encourager les propriétaires voisins à créer des vergers
de cette sorte de fruit à pépins.

Rognes

S'il est vrai que l'intelligence d'une population agricole
se mesure à la valeur de ses cultures, on peut classer les
viticulteurs de Rognes parmi les plus avancés du département des Bouches-du-Rhône.

Je nommerai d'abord M. L. Magnan, président du
Comité Anti-Phylloxérique d'Aix et propriétaire du domaine de Barbebelle ; toutes ses cultures témoignent
d'une grande connaissance scientifique ; son vignoble
est soumis à la submersion, au sulfure de carbone ou
formé avec des cépages américains, suivant que les con-

ditions terrestres sont plus favorables à l'un qu'à l'autre de ces anti-phylloxériques. Depuis l'établissement d'une branche du canal du Verdon, ce propriétaire a créé des prairies et il a installé un bélier hydraulique qui monte l'eau à 24 mètres de hauteur et qui la débite à raison de 35 litres à la minute ; cette eau fournit aux besoins de l'habitation et arrose les jardins fruitiers et d'agrément et différentes parcelles de terrains supérieures au niveau du canal.

M. de Ribbes cultive préférablement les vignes indigènes, et les traite par le sulfurage.

Un amateur, M. Bertagne, suit l'exemple du précédent propriétaire-viticulteur et il assure l'efficacité du sulfure de carbone par d'extraordinaires fumures.

Est soumise également au même mode de défense anti-phylloxérique, la campagne du *Petit-Paul*, appartenant à M. Barcilon (de Carpentras).

Enfin, il y a le vignoble-type, en cépages américains, de M. Eydoux, où les vignes à produit direct comme celles pour porte-greffes font l'admiration de tous les visiteurs.

Le Mas-Thibert

Dans l'immense territoire de la ville d'Arles, il y a, au quartier du *Plan-du-Bourg*, une agglomération de grands propriétaires-agriculteurs que l'on nomme le *Mas-Thibert*.

Le terrain est de nature alluvionnaire, sablonneux en certains endroits et marécageux dans d'autres. J'ai visité le *Grand-Champtercier* et surtout le *Mas de Seyne*, deux vastes domaines appartenant à M. Verdet, président du Tribunal de Commerce d'Avignon.

Cette dernière ferme, d'une contenance d'environ cent hectares, était, il y a quelques années seulement, un marais sur la moitié de sa surface et ne pouvait servir qu'à la dépaissance des chevaux Camargue. Quand M. Bareylle, un intelligent et habile agriculteur, afferma ce mas, il y fit des emblavures en pure perte; tous ceux qui l'avaient devancé s'y étaient ruinés : la moindre pluie et le vent du sud en faisant refluer les eaux du canal de Bouc, qui sert de drainage aux terrains en amont, inondaient le sol au lieu de le dessécher.

Pour mettre un terme à ce désastreux état de choses, M. Bareylle a eu l'ingénieuse et excellente idée de faire ouvrir des tranchées pour amener les eaux dans l'endroit le plus bas de la propriété et, sur ce point, il a fait installer une machine élévatoire qu'il met en fonction chaque fois qu'il a à craindre une submersion; l'appareil employé à cet effet est une roue hollandaise perfectionnée et actionnée par une locomobile. Cette machine fait sentir aussi son influence sur la propriété du *Mas-Fondu*, qui était un marais également de cent hectares.

Ce n'est pas tout, le mas de Seyne a, par contre, des terrains élevés qui craignent la sécheresse et qu'il a fallu arroser ; pour ceux-ci on a eu recours à une pompe centrifuge et l'on a utilisé une prise abandonnée ; maintenant il y a là 50 hectares labourables, dont une partie en luzernières et le reste en betteraves cultivés comme porte-graines, et d'un grand revenu comme rendement.

Il serait à souhaiter que l'on compte beaucoup de fermiers comme celui du mas de Seyne, parce qu'ils

feraient sortir bientôt l'agriculture provençale du rang
inférieur où la tient la routine.

Coudoux

Le hameau de Coudoux, dans le territoire de Ventabren, est toujours un endroit agricole remarquable surtout en ce qui concerne la culture de l'olivier. Mais cet
arbre prend la maladie du *noir*, et l'amandier disparaît
sous l'influence d'une affection radiculaire.

On attribue le dépérissement de ce dernier arbre à
l'épuisement du sol occupé depuis trop longtemps, dit-
on, par cette essence fruitière. Je crois plutôt qu'il
faut en accuser l'eau d'arrosage, qui entretient une
humidité trop grande autour des racines et les prédis-
pose ainsi à la pourriture en facilitant les végétations
cryptogamiques. Pour arrêter le mal, il faut en essayer
d'assainir le pied du sujet avec une rigole circulaire et
y déverser une dissolution de sulfocarbonate de potassium identique à celle qui est conseillée contre le phylloxéra.

M. A. Jauffret, un grand viticulteur, m'a conduit à ses
vignobles qu'il traite par le sulfure de carbone ; en
terrain profond et perméable, les résultats obtenus
sont complets; mais en sol de peu d'épaisseur, ou com-
pactes ou trop caillouteux, les ceps s'affaiblissent et
même meurent ;

Tandis que les vignes américaines, suivant les cépages,
vivent bien à peu près partout et n'ont besoin d'aucun
traitement contre le phylloxéra.

L'école communale des garçons possède un joli musée;

Elle a aussi un petit enclos pour jardin, mais trop exigu pour pouvoir y faire utilement de la pratique horticole.

Aix

École normale d'instituteurs. — J'ai continué à donner aux élèves-maîtres, des leçons agricoles théoriques et pratiques ; ces dernières ont lieu maintenant dans les dépendances de l'école, où sont établis un potager et des collections de plantes.

Pour les expériences d'arboriculture, on se sert des arbres de l'ancien jardin fruitier et de ceux en espalier placés le long du mur qui entoure le champ à légumes ; enfin, pour la viticulture, on se rend toujours au Vignoble d'études du *Comité de vigilance d'Aix*.

Il est probable que les cultures qui manquent encore à l'école seront établies dans le courant de l'hiver prochain, et qu'à l'avenir on pourra y faire un cours complet d'agriculture.

École normale d'institutrices. — Les élèves-maîtresses reçoivent également un cours horticole.

Au printemps dernier, on a achevé le parterre qui est devant l'école ; il produit un gracieux effet, avec ses massifs d'arbres et d'arbustes, et sa verte pelouse agrémentée par quelques corbeilles de jolies fleurs.

Dans l'enclos de l'établissement, on a commencé l'organisation d'un maraîcher ; puis on fera un jardin fruitier, un jardin botanique, etc., c'est-à-dire toutes les cultures nécessaires pour apprendre l'éducation des végétaux utiles ou agréables.

Champ d'expériences du Comité anti-phylloxérique

pour l'arrondissement d'Aix. — Au bout de cinq ans d'observations suivies et dans un terrain argilo-calcaire, non irrigué, la revue de ce vignoble montre que, dans le

CARRÉ I.

Planche I. — Les vignes indigènes *espacées de 3 mètres les unes des autres* et *arborées* déclinent de plus en plus sous l'action des attaques du phylloxéra.

Pl. II. — Les vignes indigènes soumises au *système usurier* sont presque toutes mortes, mais après avoir payé largement leurs soins de plantation et d'entretien.

Pl. III. — Les vignes indigènes traitées au *sulfure de carbone* ont sensiblement faibli, malgré deux applications de cet agent chimique faites l'une en automne et l'autre au printemps.

Pl. IV. — Les vignes indigènes opérées au *sulfocarbonate de potassium* se sont relevées au contraire, à la suite d'un double traitement.

Pl. V. — Les vignes indigènes, *sans remède aucun*, sont malades depuis un an.

Pl. VI. — Les vignes indigènes conduites en *chaintres* et en *gobelets arborés* ont perdu encore de leur force première : le phylloxéra la leur ravit.

Pl. VII. — Les vignes indigènes, *badigeonnées, pour la cinquième fois, avec de l'huile Roux*, subissent le sort commun.

Pl. VIII et IX. — Les *vignes indigènes greffées sur vignes américaines* ont une végétation très capricieuse.

Pl. X. — Les vignes indigènes de *semis* ne sont plus

que d'une vigueur ordinaire, ou sont faibles, ou desséchées.

Pl. XI à XXII et XXIII à XXVII. — Les vignes américaines *Jacquez* sont de plus en plus belles et portent beaucoup de raisins ; les ceps sont en cordon transversal, sur treillage, et les sarments sont, alternativement, taillés court et demi-long.

Pl. XXII. — Les *vignes indigènes intercalées avec des Jacquez* se conservent plus longtemps que lorsqu'elles sont groupées ensemble ; mais leur vigueur n'est pas comparable à celle de ces plants exotiques.

CARRÉ II.

Planches supplémentaires. Pl. A. — La vigne américaine *Riparia Gloire de Montpellier* est extrêmement vigoureuse et avec un feuillage d'un vert foncé.

Pl. B. — Les vignes indigènes traitées au *système Teyssier* se maintiennent avec une suffisante végétation.

Pl. I. — Les vignes indigènes conduites à la *façon locale* ont, tout d'un coup, perdu et leur santé et de leur fertilité.

Pl. II. — Les vignes indigènes opérées avec des *cubes Rohart* n'ayant pu, cette année, être traitées se sont subitement affaiblies.

Pl. III. — Les vignes indigènes, *très phylloxérées*, ont reçu, au printemps dernier, le *procédé dit de l'Orphelinat*.

Pl. IV. — Les vignes indigènes opérées au *système Toscan*, et soumises à l'*ensablement*, sont pour ainsi dire toutes perdues.

PL. V. — Les vignes indigènes *incultes* se sont un peu affaiblies.

PL. VI.— Les *Jacquez*, plantés l'an passé, sont atteints de la chlorose.

PL. VII. — Les vignes américaines *Cornucopia* sont d'une vigueur ordinaire.

PL. VIII, IX et X. — Les cépages-hybrides *Canada* et *Othello* sont un peu chlorosés, mais ils portent beaucoup de raisins, et dans l'*Othello* ils sont à gros grains ; seulement, les plus anciens plants de ces derniers ont le *Cottis*, une maladie qui fait ratatiner le bout des pampres et avorter les grappes ; l'*York Madeira* reste anémique.

PL. XI, XII, XIII et XIV. — Les *Jacquez*, cultivés en *souches* et *taillés avec sarments à fruit et de remplacement* ont une pousse fougueuse, mais une insuffisante fructification et disposée à la coulure. Quelques ceps soumis à la *taille du docteur J. Guyot avec deux long-bois et deux bois-court* ont beaucoup et de belles grappes. Une rangée de pieds est traitée à la méthode *Basile Pagès* (provignages successifs) ; les ceps sont très fertiles, mais les raisins, placés trop près du sol, sont souillés par la terre et exposés à la pourriture.

PL. XV, XVI, XVII, XVIII, XIX, XX et XXI. — Les vignes américaines *Clinton, Taylor, Herbemont, Cunningham, Black-July* et *Alvey*, n'ont pas réussi ; on les a remplacés par des Solonis enracinés, qui ont bien repris.

PL. XXII.— Les *vignes indigènes séparées par des Solonis* faiblissent sensiblement ; tandis que les *Solonis greffés* sont vigoureux et fertiles.

PL. XXIII, XXIV, XXV et XXVI. — Les vignes améri-

*

-caines *Solonis franches de pied* ont ralenti un peu leur exubérante végétation.

CARRÉ III.

Pʟ. I à XVIII. — Les vignes américaines *Riparia sauvages tomenteux, ou glabres à feuilles grandes, épaisses et luisantes et à bois couleur lie de vin en été, et couleur noisette en hiver*, sont toujours d'une vigueur luxuriante et présentent des feuilles d'un beau vert.

Quelques rangées de ces variétés de vignes non sélectionnées sont *greffées depuis deux ans,* avec des cépages français ; celles-ci se comportent suivant les sujets, et le pied-mère *commande* au greffon, au point de vue de la santé.

Pʟ. XVIII à XXV. — Les cépages américains *Merimack, Roger, n° 2, Rullander, Clinton Semis fertile, Yeddo, Delaware, Elvira, Isabelle, Diana, Cornucopia, Clinton-Black-Hambourg, Herbemont, Cunningham, Black-July* et *Alvey*, qui vivotaient, ont été enlevés pour faire place à des *Solonis enracinés*, qui poussent convenablement.

Pʟ. XXVl et XXVII. — Les *Jacquez* poussent admirablement et sont surchargés de raisins.

CARRÉ IV.

Pʟ. I, II et III. — Les *Jacquez*, âgés de quatre ans, ont amélioré encore leur végétation et ils commencent à bien fructifier.

Pʟ. IV. — Les vignes indigènes soumises au *système Crouzet* sont dans un état stationnaire.

Pᴌ. V.— Les vignes indigènes traitées suivant la méthode *Aman-Vigié* sont assez vigoureuses.

Pᴌ. VI.— Les vignes indigènes soumises au *système Toscan* se suicident par la strangulation.

Pᴌ. VII. — Les vignes opérées avec le *procédé Riley* ne se sont pas régénérées ; elles reçoivent, actuellement, la méthode de l'*Orphelinat,* que l'on ne peut encore apprécier.

Pᴌ. X à XV.— Les *Solonis, Riparia, Othello* et *Télégraphe,* ont une végétation inconstante qui se traduit souvent en une mauvaise jaunisse.

Pᴌ. XV à XXI.— Les *Solonis* ont une bonne vigueur, mais quelques-uns se laissent prendre par la chlorose.

Deux rangées de cette variété de vigne sont *greffées ,* l'une de *deux ans,* et l'autre de *l'année* passée ; la première en Hybrides-Bouschet; les ceps ont faibli, et l'autre en Carignan ; ceux-ci sont vigoureux et assez fertiles.

Pᴌ. XXII à XXXVIII. — Les *Riparia francs de pied* et ceux qui sont *greffés* se conduisent absolument comme leurs congénères du carré III.

Pᴌ. XXXVIII. — Les vignes indigènes et les vignes américaines éduquées d'après le *système Faudrin* montrent des ceps français en complète fertilité, et les ceps exotiques greffés avec un plein succès, c'est-à-dire ayant tous réussi et portant une véritable récolte de raisins.

Pᴌ. XXXIX. — Les *Riparia enracinés, greffés sur les genoux et en place depuis quatre ans,* sont toujours beaux et garnis de grappes.

Pᴌ. XL. — Les vignes américaines *Rupestris* sont généralement vigoureuses.

Pᴌ. XLI à XLVII et XLVIII à LIII. — Les *Riparia* et les

Solonis surtout maintiennent leur réputation d'être robustes et rustiques tout à la fois.

Pl. XLVII. — Les cépages américains *Yorck-Madeira* modèlent leur végétation sur le *Jacquez*, mais ils donnent une détestable fructification. Au mois de mai dernier, on les a transformés alternativement, et ceux qui restent serviront de témoins comparatifs ; les greffons ont tous repris et sont superbes de vigueur.

En somme, l'*espacement* et l'*arborescence* favorisent la végétation et la fructification de la vigne, mais ils ne la sauvegardent pas des atteintes mortelles du phylloxéra ;

Le traitement au *sulfure de carbone* n'est pas toujours efficace ;

Le *sulfocarbonate de potassium* est le meilleur anti-phylloxérique ;

L'*Huile Roux*, le *procédé Toscan* et la *méthode Riley* sont sans valeur utile contre le phylloxéra ;

L'appréciation est réservée pour les *systèmes Aman-Vigié, Crouzet, Rohart* et de l'*Orphelinat* ;

La mort phylloxérique des vignes issues de *pépins* doit faire renoncer à ce mode de reproduction pour régénérer cet arbuste ;

Les *cépages américains* sont réellement plus réfractaires que les autres au phylloxéra ; mais, par contre, ls sont plus sensibles aux conditions climatologiques et terrestres ;

Le *Jacquez* est la vigne exotique la plus recommandable comme plant à produit direct, et peut-être comme porte-greffe ;

Les *Riparia au vert feuillage pendant toute la végétation*, et le *Solonis* sont les bons sujets à greffer ;

Le *système Faudrin* fait récolter promptement, abondamment et assure la réussite du greffage ;

L'*époque* la plus avantageuse pour l'exécution des *greffes viticoles* est de la *mi-avril* à la *mi-mai;*

Les variétés de *cépages français* qui s'accordent bien avec le *Riparia* sont : l'*Espar* (*Catalan*), l'*Aramon*, la *Panse commune*, le *Danugue*, le *Teneron*, le *Chasselas de Fontainebleau*, le *Carignan* et le *Malingre* ;

Avec le *Solonis*, se conviennent : la *Panse*, l'*Espar*, le *Carignan* et le *Petit-Bouschet*.

Le *lavage* des ceps, en hiver, avec une solution concentrée de *sulfate de fer* (1 kil. dans deux litres d'eau), est un parfait insecticide en même temps qu'un parasitaire ;

Et, en été, le *saupoudrage* à la *chaux vive* remplace économiquement toutes les susbtances cryptogamiques ; soufre, paroïdium et fongivore ;

L'absence de gelée printanière n'a pas permis de juger du mérite des *tentes-Pignol, branches de pin sèches, parasols en paille longue, couvercles en osier, huile lourde,* etc., employés pour abriter la vigne.

L'enquête viticole à laquelle je me suis encore livré donne, pour la surface actuelle des vignobles établis dans le département des Bouches-du-Rhône :

Sans traitement aucun. . . , ...	875[h]
Soumis à la submersion	5,268
Traités par les insecticides.	608
Plantés dans le sable.	6,201
Et occupés avec des cépages américains.	1,080
Total. . . .	14,032[h]

au lieu de 13,324 hectares pour l'année écoulée, soit une augmentation de 708 hectares.

En ce moment, la situation agricole, sans être brillante, est assez satisfaisante : les pluies réitérées qu'il a fait dans le courant du printemps dernier ont favorisé les récoltes ; les céréales sont belles à peu près partout, surtout sur les coteaux ; les fourrages n'ont jamais été plus abondants et mieux préparés. En grande culture, la pomme de terre, la betterave, etc., sont aussi bien venues que celles établies en sol irrigué. Les vergers et les jardins sont en général bien pourvus de fruits, excepté dans certains endroits froids où ils ont disparu après la forte gelée du 13 au 14 mars dernier. Les vignobles protégés contre leurs ennemis portent passablement de raisins, et si la température actuelle se maintient on peut espérer de bonnes vendanges.

Ce consolant tableau agricole se reproduirait souvent, si on voulait doter les cultures du département des Bouches-du-Rhône de toute l'eau que pourraient leur fournir les canaux, barrages et autres moyens d'irrigation du ressort de la science hydraulique.

Tournées éventuelles. — En outre de mon itinéraire officiel, je me suis rendu sur plusieurs points de la Provence pour y étudier, sur les lieux, certaines maladies cryptogamiques : le *noir* de l'olivier, le *pourridié* de l'amandier et de la vigne, et le *peronspora* de la vigne et de la pomme de terre. J'ai fait connaître précédemment les remèdes qui agissent le mieux contre ces terribles parasites.

A Lambesc, j'ai inspiré l'idée à M. Gautier, le dévoué agent-voyer du canton, de faire une plantation de Cerisiers sur le chemin vicinal qui conduit de Lambesc à Charleval. Les sujets, bien choisis, ont parfaitement repris.

J'ai voulu me rendre compte, *de visu,* d'une variété de vignes que l'on cultive dans quelques localités des environs de Chàteaurenard. Ce cépage, que l'on appelle la *Counoïse,* serait complètement réfractaire au *mildew*; ses pampres sont robustes; ses raisins sont d'un noir-rougeâtre, et ses racines, rustiques et coriaces, résistent au phylloxéra à l'égal presque des vignes américaines. Je me suis procuré des boutures de ce cépage, qui ont été plantées dans le vignoble du Comité d'Aix, et j'en ai distribué à divers propriétaires pour en faire l'expérience.

Je suis allé plusieurs fois au vaste domaine de la Grande-Vacquière pour constater les grands travaux agricoles que son richissime propriétaire, M. L. Mimbelli, y fait opérer depuis quelques années. Le vignoble, créé sur la Crau, occupe une surface de plusieurs centaines d'hectares ; une partie est traitée au sulfure de carbone, mais la plus grande surface est occupée par des cépages américains, qui réussissent complètement.

J'ai visité le vignoble, en cépages américains, du *Comité anti-phylloxérique* pour l'arrondissement d'Arles, sous l'intelligente direction de M. Bernaudon : le *Jacquez* et l'*Herbemont* y font bien, cependant celui-ci serait un peu plus délicat ; le *Cunningham* a une végétation énorme et les *Riparia* sont fort beaux. Prennent aussi beaucoup de vigueur: l'*Yorck-Madeira,* le *Taylor,* le *Solonis* et le *Vialla.* En résumé, tous les plants américains se plaisent dans ce terrain que est de nature Crau, par sa composition.

Dans le département de Vaucluse, j'ai vu à Avignon, le

champ de vignes départemental dirigé par M. Pichard, l'habile chimiste de la station Agronomique. Le sol, formé d'alluvions du Rhône, n'a pas empêché les vignes indigènes d'être détruites par le phylloxéra, après quelques années seulement de plantation ; tandis que les vignes américaines qui les ont remplacées sont encore magnifiques, au bout de neuf ans d'existence.

J'ai parcouru également les principaux vignobles de l'arrondissement d'Avignon, ceux des bords de la Durance particulièrement, et, dans l'arrondissement de Carpentras, ceux des localités qui avoisinent le mont Ventoux , où le phylloxéra n'a fait encore que peu de dégâts ; la résistance plus grande de ces dernières vignes ne doit être attribuée, à mon avis, qu'à la nature sablonneuse du terrain.

Enfin, dernièrement, j'ai assisté au Concours Agricole Régional, qui s'est tenu à Montpellier, et j'ai suivi les conférences viticoles qui ont eu lieu à l'École Nationale d'Agriculture de cette ville.

Travaux divers. — Le danger que le *peronospora* fait courir à la vigne m'a obligé à consacrer la plus grande partie de mon temps à l'étude de cette question capitale pour la viticulture. J'ai exposé le résultat de mes recherches et de mes observations dans un mémoire que j'adresserai à l'Académie des Sciences.

Dans une note envoyée à la Commission Supérieure du phylloxéra, j'indique un moyen simple et économique de combattre l'œuf d'hiver du phylloxéra et autres ennemis viticoles, ainsi que les germes des maladies parasitaires de la vigne.

A la suite de mon séjour récent à Montpellier, j'ai

exposé, dans un rapport, ce que j'ai trouvé d'intéressant à l'Exposition et ce que l'on a dit d'utile aux réunions viticoles.

Au Vignoble d'Essais du Comité d'Aix, la vendange du *Jacquez* ayant été assez abondante, j'ai fait, avec l'aide du vigneron X. Roumieux, une étude spéciale du jus de ce cépage: du vin obtenu d'une *manière usuelle; du vin vierge,* c'est-à-dire dont le moût a fermenté seul sans la rafle ; du *vin chauffé* jusqu'à l'ébullition, et du *vin cuit,* c'est-à-dire dont le moût a bouilli pendant trois heures. De l'opinion de tous ceux qui les ont dégustés, ces produits valent les plus estimés que l'on obtenait, en Provence, avec nos vignes indigènes, avant l'invasion phylloxérique.

J'ai expérimenté avec succès, et le premier peut-être, le sulfure de carbone, pour la destruction des mulots, qui font tant de mal à certaines cultures.

Depuis trois ans, je travaille à réunir la collection des amis et des ennemis de la viticulture, dans le département des Bouches-du-Rhône, laquelle comprend, aujourd'hui, près de cent échantillons.

Enfin, j'ai donné verbalement ou par correspondance des renseignements agricoles à un grand nombre de personnes.

ÉCOLE PRATIQUE D'AGRICULTURE DE VALABRE. — Ma profession m'appelle à cette école, deux jours par semaine, pour faire aux élèves des leçons orales et d'application.

Quoique récemment ouverte, cette instiution, sous l'habile direction de M. Emile Mourret, justifie déjà son but d'École de Viticulture et d'Arboriculture ; on y trouve une pépinière contenant environ 50,000 sujets et d'une si belle venue qu'on peut, cette année encore, les transformer par la greffe ; ensuite trois vignobles d'une surface totale de deux hectares, en *Jacquez ;* dans l'un d'eux on y a complanté des pêchers des variétés les plus méritantes : toutes ces cultures font l'admiration des connaisseurs.

La position géographique et topographique que Valabre occupe dans la région provençale, et les nombreuses demandes des agriculteurs du département des Bouches-du-Rhône et même des départements limitrophes pour y placer leurs enfants, démontrent que l'on apprécie cet Etablissement agricole. On doit donc tout faire non seulement pour le consolider, mais encore pour lui mériter le nom d'École Nationale que l'avenir lui réserve.

STATION AGRICOLE. — Il faudrait avoir, sinon dans chaque commune, du moins dans chaque chef-lieu de canton, un emplacement pour expérimenter les semences et les plantes ou les arbres dont la culture paraît la plus avantageuse, ainsi que les engrais industriels, ce qui éviterait souvent bien des mécomptes au paysan. Ce champ existe à Mouriez, et j'ai la promesse que, dans le courant de l'hiver prochain, on en fera d'autres à Saint-Mître, Rognac, La Roque-d'Anthéron, Rognes, etc. Cette création serait d'une utilité incontestable.

La résistance au phylloxéra de certaines vignes américaines est un fait acquis, et un des moyens les plus sûrs de reconstituer le vignoble avec ses produits d'autrefois, est de planter de bons porte-greffes et de savoir les transformer en vignes françaises. Pour vulgariser le greffage, il s'agirait d'organiser des écoles viticoles semblables à celles qui fonctionnent dans le Beaujolais.

Dans ce cas, l'Administration municipale fournit un champ d'une surface d'au moins dix ares et auquel on donne d'abord une bonne préparation en labour et en fumure ; on se procure ensuite des boutures saines ou de bons enracinés que l'on espace entre eux d'environ $0^m,25$ sur la ligne et de $0^m,50$ entre les lignes. Ces plants, mis en place en automne, peuvent être greffés encore au printemps suivant.

La plantation pourrait être faite par les élèves, qui apprendraient ainsi une des opérations essentielles au succès d'un vignoble. En avril, on réunirait de nouveau les aspirants-greffeurs et on confectionnerait devant eux un modèle des meilleurs greffages en leur en expliquant les détails ; chaque apprenti s'exercerait avec des tronçons de sarments préparés pour la circonstance, et quand il serait reconnu capable, on lui donnerait un certain nombre de ceps à transformer.

Je suis convaincu qu'il se produirait, par ces exemples, un élan général en faveur de l'adoption des cépages américains, qui sont, jusqu'à présent, le moyen le plus sérieux de reconstituer la viticulture méridionale.

J'aurais encore, Messieurs, d'autres propositions à vous faire, mais je dois me borner à la suivante : Il s'agit de la publicité à donner dans les centres ruraux, par voie d'affiches publiques transformées en quelque sorte en *Moniteur Agricole.*

Ce mode de publicité me paraît préférable à celui du Bulletin, qui n'instruit d'habitude qu'un nombre très restreint de lecteurs ; tandis que l'affiche populariserait la science de l'agriculture.

Veuillez m'excuser, Messieurs, si j'ai trop pris de vos précieux moments pour vous exposer les conséquences de mon professorat, et n'y voyez que ma ferme et constante volonté de mériter de plus en plus votre estime et votre confiance.

Daignez agréer, de nouveau,

Monsieur le Préfet,

et

Messieurs les Conseillers Généraux,

l'hommage de mes sentiments respectueux et dévoués.

M. FAUDRIN,

Chargé de l'enseignement de l'Agriculture
dans le département des Bouches-du-Rhône.